www.ingramcontent.com/pod-product-compliance
Lightning Source LLC
LaVergne TN
LVHW100308031026
849161LV00031B/616
9783486733341